かがくだいすき

ウンチのてがみ

石原　誠 = ぶん・しゃしん

大日本図書

「キューン　キューン　キューン」
高原牧場に，かん高い声がひびきわたる。
「シカの声だ！」と，父さん。
「どこ？」
父さんが指さす方向を，双眼鏡でのぞいてみる。

「いた！　大きな角がついてる」
高い山のふもとには，森と牧場が広がっている。
この森の多くは，人が，木を植えて育てたものだ。
ここに，たくさんのシカたちが暮らしている。

シカは，オスにだけ角があり，メスにはない。
　わかいシカの角はぼうみたいだが，おとなの角は大きくえだわかれしている。
　ふだんのオスとメスは，べつべつの群れで暮らし，秋

の結婚シーズンだけいっしょに暮らす。さっきの声はメスをさがすオスの声。この季節に聞くことができる。

　大きな角は，メスをあらそうとき，オスどうしの力くらべなどに使われる。

▼ウンチをわってみれば,ほら,きれいな緑色。

帰り道，足もとに黒いつぶ。

「ああ，シカのウンチだね」と，父さん。

つぶの表面は黒いけれど，中は緑色で，ほんのり干草(ほしくさ)のにおい。

「へえー　シカは草を食べているんだね」

かれらは歩きながらでも，食事中でも，所かまわずにウンチをするようだ。

▲散歩のとちゅうで犬のルドのウンチタイム。

雪の上で目にすることも多い▶
ノウサギのウンチ。

　生きている動物はみんな、食べて、ウンチする。

　でも、くさい、きたない、はずかしい。

　なにかときらわれ者のウンチ。

　じつは、なかなか役立つすぐれもの。

　散歩中の犬は、「これは近所のポチのウンチだな。ついさっき通ったばかりらしい」なんてにおいでわかるらしい。

　人間のお母さんは、ウンチで赤ちゃんのお腹(なか)のぐあいがわかるらしい。すごいね。

　山の木の実は、動物に実を食べてもらい、ウンチごとタネを運ばせて、ウンチの中で芽(め)生(ば)える。

　テンやキツネたちは、通り道の岩の上にウンチを乗っけて、道しるべにする。

　ウンチには、動物を知るための手がかりが、いっぱいつまっているんだ。

　つまり、ウンチは情報(じょうほう)のカプセルだ。

◀ **大きさや形が、シカにそっくりなカモシカのウンチ。**

ウンチの形には，ひもとつぶがあり，なにを食べるかで決まる。
シカのように，植物しか食べない動物のウンチは「つぶ」になる。

つぶウンチ

●球をすこしおしつぶした感じのノウサギのウンチ。（直径10mm）

●ノウサギ

●何回分か集まったカモシカのウンチ。（直径10mm）

●カモシカ

●巣あなの下に散らばっているムササビのウンチ。（直径7mm）

●ムササビ

木の実や小動物など,なんでも食べる動物のウンチは「ひも」になる。

ひもウンチ

■小動物ばかり食べるオコジョのウンチ。（太さ5mm）

■オコジョ

■小動物のほかに木の実も食べるキツネのウンチ。（太さ20mm）

■キツネ

■木の実も小動物も食べるテンのウンチ。（太さ10mm）

■テン

これ，みんなシカのウンチ。

大きさや形，色がずいぶんちがう。

つぶの大きさは5〜15ミリメートルくらいで，身体の大きさに関係（かんけい）している。

色のちがいは，食べものによるものだ。

黒いのは，牧草（ぼくそう）を食べた夏のウンチ。

　茶色は，冬の森でひろったもの。こまかな木の皮がぎっしりだ。

　どうやら，シカの食べものは，夏と冬でちがうらしい。草のすくない冬は，木の皮ばかり食べているみたいだ。

これは,シカのウンチでつくったハガキ。

▲冬ウンチは茶色。緑色のは夏ウンチ。

　夏ウンチと冬ウンチでは，色のちがうハガキができた。紙は，植物のせんいからできている。
　シカはおもに草を食べる。シカのウンチを見てみると，消化できない草のくきや，葉のすじがのこっている。これを「せんい」という。この「せんい」が，紙の材料になるわけだ。
　牧場に落ちているウンチを全部集めたら，いったいなんまいのハガキができるだろう？

　今このあたりで，シカと人とのあいだで問題がおきているって，父さんがいってた。
　どんなことかというとね……。

　冬の早朝，牧草地から森にむかうシカに会った。
　夜は牧草地で草を食べ，昼は森の中で休んでいることが多いんだって。

　シカたちが，雪の下から牧草をほりだして食べている。
　牧草は，冬のシカたちに欠かすことのできない食料なのだ。
　そんなシカたちのことを，牧場の人は，どう思っているのだろう。
　「ああ，シカならよく見かけるよ。牧草は食べるけれど，なくなるほどじゃない。ウシたちもべつに気にしないようだから，こまるってことはないなあー」

▶食事場所にのこされた
シカの足あととウンチ。

森の中のシカの休み場所。すわっていた所だけ雪がない。

牧草地(ぼくそうち)をふきぬけるふぶきも、シカを追いかけまわすりょう犬(けん)もこないので、ここなら安心。

陽が高くなり、休息(きゅうそく)のためにゆっくりと森にむかうシカたち。

道路わきで，車が行きすぎるのをまつシカ。
スピードのある車がつづくので，なかなかわたれない。

　シカのすむ高原には，美しいけしきを目あてに，おおぜいの人がやってくる。
　でも，道路わきのシカたちに気づく人はほとんどいない。
　道路ができてから，シカたちは森の中を自由に移動(いどう)できなくなったようだ。

　夏のあいだ, シカたちは山の上や森の中でくらしているので, すがたを見ることは少ない。
　ところが, 雪が積もるようになると, ふもとの牧場周辺に, たくさん集まってくる。

このころになると、ひんぱんにシカを見るようになる。そんな森の中を歩いてみて、おどろいた。

　シカが木の皮をかじって、やわらかな部分を食べたあとだ。
　木の皮をぐるっとはがされた木は、水分や養分の通り道がなくなり、やがてかれる。
　長いあいだ、苦労して育てた木が、かれたり、きずついて売り物にならなくなって、林業の人たちはとてもこまっている。
　木の皮は、草にくらべて消化が悪そうだし、栄養もほとんどないらしい。
　それでも木の皮をかじるのは、きっと食べものがたりないからだ。

人がすみはじめる前から，シカたちはここにいたらしい。

やがて，人は木を植えて森をつくり，牧場や野菜畑，スキー場など，自分たちの暮らし優先で，自然のすがたをかえてきた。

それは，シカの食料となる草地をふやすことになり，野生動物保護の考え方などもあって，シカの数はふえてきた。

▼森も牧場も建物も，みんな人の手でつくられたもの。

被害をなくすために、電気のさくで囲ったりしているが、かんたんに解決しそうにない。

いったい、シカたちはどこで暮らし、なにを食べればいいのだろう。

最新式のシカよけの電気さく▶

1頭のシカが，死んだ。

　もうすぐ，やわらかな草が食べられる春だというのに……。

　そのわきでは，なかまのシカたちが，むちゅうで草を食べている。

　死んだシカは，トビやカラス，キツネたちが集まって，2週間ほどで骨と毛皮だけになった。

　春になれば，小鳥たちが毛を運びはじめるだろう。

　フカフカの巣の中で，新たな命が生まれるはずだ。

　自然の中では，ひとつの命がこんなにもたくさんの命をささえているんだ。

　早春,すっかりやせ細り,骨がうきでて見えるシカが,牧草地で草を食べている。
　いったん大雪でも降れば,たくさんのシカが死んでしまうだろう。冬じゅう木の皮をかじりながらでも,シカたちはここで生きていくしかない。

　近ごろ、シカの被害があちこちで問題になっている。
　シカだけが多くなりすぎると、人間に被害があるばかりでなく、ほかの生き物がいなくなる心配もある。
　でも、よく考えてみれば、問題なのはシカたちではなく、わたしたち人間なのじゃないだろうか。

シカの被害をなくすには，人の手でシカの数をへらすしかないという人もいる。
　このままでは，人もシカもこまったことになるだろう。
　でもその前に，シカのこと，森や自然のことをもっとよく知る必要がないだろうか。

　どうしてシカはこんなにふえたのか。ふえたというけれど，いま何頭のシカがいて，昔はどれくらいだったのか。いったい何頭なら被害はなくなるのか。はっきりと答えられる人はだれもいない。
　ずっとウンチのことを調べてきたら，人間とシカの関係，自然の中の命のつながりなど，いろんなことが見えてきた。

　さとみちゃん　元気ですか！
　このまえ父さんとシカを見にいったよ。大きな角(つの)のオスがいてね、メスをさがしてさけぶ声が森じゅうにひびいてた。
　そうそう、父さんがいってた。
　ふえすぎたシカのせいで、山にくらす人たちがこまっているんだって。その人たちの生活をまもるために、人の手でシカの数をへらすらしい。
　これってしかたないのかなあ。さとみちゃんはどう思う？
　「ほんもののシカって見たことない！」ということになったらさびしいよね。
　ところで、このハガキちょっぴり干草(ほしくさ)のにおいがするでしょう？
　どうしてだかわかる？　　　　　　　それじゃバイバイ　みのり

石原　誠
いしはら　まこと

1959年石川県に生まれる。幼少時，祖父といっしょにきのこ狩りや，炭焼きで山を歩きまわったことが活動の原点になっている。
大学在学中より南アルプスや八ヶ岳などで野生動物を撮り始め，1988年第5回準アニマ賞受賞。以降，新聞，雑誌等に作品を発表する。
著書に『ウンチをしたのはだーれ？』（大日本図書）
現在，山梨県南アルプス市在住。

装幀＝東京図鑑

【かがく だいすき】
ウンチのてがみ

NDC491.346

石原　誠＝ぶん・しゃしん　　　2003年2月1日——第1刷発行
発行者＝金子賢太郎
発行所＝大日本図書株式会社
　　　〒104-0061　東京都中央区銀座1-9-10
　　　電話・(03)3561-8678(編集)，8679(販売)
　　　振替・00190-2-219

印刷＝錦明印刷株式会社　　製本＝大村製本株式会社
ISBN4-477-01557-7
35p　24cm×19cm

©2003 M.Ishihara
Printed in Japan